HEFT 4 DER SCHRIFTENREIHE DES FORSCHUNGSINSTITUTS
FÜR MATHEMATIK

# BEMERKUNGEN ÜBER DIE STABILITÄTSUNTERSUCHUNGEN DER WIRBELSTRASSEN

VON

BL. DOLAPTSCHIEW

1957

AKADEMIE-VERLAG · BERLIN

Redaktion der Schriftenreihe: Prof. Dr. J. NAAS,
Forschungsinstitut für Mathematik, Berlin W 8, Jägerstraße 22—23
Erschienen im Akademie-Verlag GmbH, Berlin W 8, Mohrenstraße 39
Lizenz-Nr. 202 · 100/354/56
Satz und Druck: Druckhaus „Maxim Gorki", Altenburg
Bestell- und Verlagsnummer 2069/4
Printed in Germany

# Inhalt

## Einleitung und Inhaltsübersicht

In meinem Vortrag möchte ich einen Überblick geben über die bis heute vorliegenden zahlreichen Untersuchungen zur Stabilität bzw. Instabilität von Wirbelstraßen. Ich werde dabei über folgende Hauptthemen sprechen:

1. Stabilität und Instabilität von Wirbelstraßen verschiedener Wirbelanordnungen unter dem Gesichtspunkt verschiedenartiger Stabilitätskriterien;
2. Eigenschaften der Wirbelstraßen;
3. schräge Fortbewegung der Wirbelstraßen;
4. Stabilisierung der Wirbelstraßen.

Daneben werde ich noch gewisse Fragestellungen berühren, die zwar nicht direkt die Stabilität selbst betreffen, jedoch eng mit der Theorie der Wirbelstraßen verbunden sind und sich auf den Strömungswiderstand von Körpern beziehen, hinter welchen die genannten Wirbelkonfigurationen entstehen.

Wie bekannt, versteht man unter einer „Wirbelstraße" die Konfiguration, die sich hinter einem von Flüssigkeit schlecht umflossenen Körper (z. B. einem Kreiszylinder) bildet. Die Wirbelstraße besteht aus zwei parallelen Reihen unendlich dünner, geradliniger und in der Reihe voneinander gleich weit entfernter Wirbelfäden, welche parallel zur Zylindererzeugenden stehen und der Größe nach gleiche, aber dem Drehsinn nach entgegengesetzte Zirkulation haben. Dabei ist die Zahl der Wirbelfäden unendlich groß. Das Problem ist offenbar zweidimensional, und deshalb werden wir von nun an nicht mehr von Wirbelfäden, sondern von Wirbelzentren sprechen.

Das Phänomen „Wirbelstraße" wurde zuerst von A. MALLOCK (Proc. Roy. Soc. 1907) und H. BÉNARD (Comptes rendus de l'Acad. des Sciences Paris, 1908) beobachtet und experimentell untersucht und erst später (1911—1912) von Th. v. KÁRMÁN theoretisch behandelt. v. KÁRMÁN hatte sich die Aufgabe gestellt, den Widerstand, den ein bewegter Körper in einer Flüssigkeit erfährt, zu bestimmen. Er berechnet diesen mittels Anwendung des Impulssatzes auf eine Kontrollfläche, die Körper und Wirbel umschließt. Zur Auffindung des Wirbelwiderstandes erwies es sich dabei zunächst als erforderlich festzustellen, bei welchem Verhältnis der Breite $2h$ der Wirbelstraße zum Abstand $2l$ je zwei benachbarter Wirbel ein und derselben Wirbelreihe die Wirbelstraße ein stabiles Verhalten zeigt.

---

Vorliegender Vortrag wurde am 25. 3. 1955 im Institut für angewandte Mathematik der Humboldt-Universität und der Akademie der Wissenschaften — Berlin gehalten.

## 1. Endlich (ein oder zwei) oder unendlich viele Freiheitsgrade der Störungen

Die erste Stabilitätsuntersuchung einer symmetrisch oder schachbrettartig angeordneten Wirbelstraße wurde von Th. v. KÁRMÁN (Göttinger Nachrichten 1911) durchgeführt. Er setzt dabei nur ein einziges Wirbelpaar als beweglich voraus.

Eine ähnliche Betrachtung führte 1914 N. E. JUKOWSKY durch, insofern er statt eines Wirbelpaares nur einen Wirbel als beweglich zuläßt.

In beiden Arbeiten wird also angenommen, daß alle Wirbel des Systems sich mit gleicher Geschwindigkeit fortbewegen und daß nur endlich viele aus der Reihe verschoben werden können.

Auf Grund dieser ersten Untersuchungen wurde das Stabilitätsverhältnis

$$\cosh(\varkappa\pi) = \sqrt{3} \quad \text{oder} \quad \sinh(\varkappa\pi) = \sqrt{2}, \quad (\varkappa = h/l = 0{,}365) \tag{1}$$

gefunden.

Im Jahre 1912 läßt v. KÁRMÁN in seiner zweiten Untersuchung derselben Frage (Über den Mechanismus des Flüssigkeits- und Luftwiderstandes, Phys. Zschr. 13, mit RUBACH) nicht nur Verschiebbarkeit eines einzigen Wirbels oder eines einzigen Wirbelpaares, sondern aller unendlich vielen Wirbel des Systems zu und erhält die neue Stabilitätsbedingung

$$\cosh(\varkappa\pi) = \sqrt{2} \quad \text{oder} \quad \sinh(\varkappa\pi) = 1, \quad (\varkappa = h/l = 0{,}281). \tag{2}$$

Obwohl J. L. SYNGE 1927 in seiner Arbeit „Mathematical investigation of the thrust experienced by a cylinder in a current, the motion being periodic“ (Proc. of the Roy. Irish Acad.), in der er die Formel KÁRMÁNS für den Wirbelwiderstand einer einseitig unendlichen Wirbelstraße neuerlich ableitet, das ältere Kriterium KÁRMÁNS zugrundelegt und obwohl N. ACHYJESER (Mathem. Sbornik, UdSSR, 34, 1927) in einer kritischen Betrachtung der Untersuchungen KÁRMÁNS und JUKOWSKYS die Methode JUKOWSKYS als die richtigere ansieht (mit welcher Schlußfolgerung übrigens W. W. GOLUBEW in seiner Arbeit „Sur les Systèmes des tourbillons de M. KÁRMÁN“, Math. Sbornik, UdSSR, 1932, nicht einverstanden ist), bin ich der Ansicht, daß wir hier das ältere Kriterium KÁRMÁNS und JUKOWSKYS außer acht lassen können, weil es auf einer Abstraktion beruht, die nicht mehr mit der hydrodynamischen Natur unseres Problems der Stabilität eines unendlichen Systems diskreter Wirbel vereinbar ist, auch wenn es sich um Potentialwirbel handelt. Denn die Störung auch nur eines Wirbels oder nur eines Wirbelpaares zur Zeit $t = 0$ bedingt von selbst auch eine Störung der übrigen Wirbel. Wird ein solches induziertes Verschieben der Wirbel verhindert, so heißt das, daß diese durch äußere Kräfte festgehalten werden. Das so erhaltene Bild unendlich dünner, sich in den festgehaltenen Wirbelfäden drehender Zylinder entspricht aber sicher nicht dem hydrodynamischen Mechanismus unseres Problems.

Insofern erscheint die Stabilitätsuntersuchung einer Wirbelkonfiguration, in welcher nur ein Wirbel, nur ein Wirbelpaar oder nur endlich viele Wirbelpaare verschoben werden können, während die übrigen festgehalten werden, nicht sinnvoll.

Was den Umstand betrifft, daß für den Parameter $\varkappa = h/l$ Werte gemessen werden, welche oft mehr oder weniger von dem Werte 0,281 abweichen und zuweilen in den Grenzen 0,21 bis 0,49 variieren, so werde ich später darauf zurückkommen.

Vorläufig möchte ich an dieser Stelle nur erwähnen, daß R. WILLE (Über Strömungserscheinungen im Übergangsgebiet von geordneter zu ungeordneter Bewegung, Jahrb. d. Schiffbautechn. Gesellschaft, 46, 1952) und U. DOMM (Ein Beitrag zur Stabilitätstheorie der Wirbelstraßen unter Berücksichtigung endlicher und zeitlich wachsender Wirbeldurchmesser, Ing. Archiv, 22, 1954) diese großen Unterschiede in den Werten von $\varkappa$ mit Recht auf die Flüssigkeitsreibung zurückführen. DOMM betrachtet in seiner Arbeit (welche ich vor einigen Tagen hier in Berlin gesehen habe) physikalische Wirbel mit Reibung, nimmt jedoch — vermutlich in erster Näherung — auch nur einen einzigen Wirbel als frei an.

Schließlich begründet man die Bevorzugung der Bedingung (1) gegenüber (2) mit den Werten, die man für den Wirbelwiderstand erhält. So lesen wir in einer Fußnote auf S. 131 des Buches „Aérodynamique“ von N. E. JUKOWSKY (zweite französische Auflage von DRZEWICKI-MARGOULIS, 1931) folgendes:

„JOUKOWSKI a obtenu cette relation en supposant un seul tourbillon perturbable, alors que MM. KÁRMÁN et RUBACH avaient envisagé le déplacement de chacun des tourbillons. Ils avaient obtenu dans ce cas $l/h = 3{,}57$. D'après ces auteurs

$$R = \varrho l h \left(\frac{w-u}{l}\right) + \frac{\varrho \Gamma^2}{2\pi l}\left(\frac{\pi h}{l} \operatorname{tangh} \frac{\pi h}{l} - 1\right) = 0{,}862\ \varrho h w^2.$$

Cette dernière valeure a été calculée par nous en admettant elle est sensiblement supérieure à celle tirée de la relation

$$R = \frac{\sqrt{6}-1}{\sqrt{6}}\ \varrho h w^2 = 0{,}592\ h \varrho w^2.$$

MM. WETTCHINKINE et TSCHENTZOW, qui ont publié en Russie la deuxième édition de l'ouvrage de JOUKOWSKI, font remarquer que la valeur de $l/h = 2{,}74$ obtenu par JOUKOWSKI se rapproche beaucoup plus de la valeur expérimental (voir p. 133) que celle de 3,57 et ils considèrent que la façon de poser le problème, admise par JOUKOWSKI, est plus juste.“

In seiner Arbeit über den Wirbelwiderstand hat v. KÁRMÁN mit Hilfe einer physikalischen Hypothese versucht, die Zirkulation $\Gamma$ der Wirbel theoretisch zu bestimmen, indem er annahm, daß diese gleich der Zirkulation der Grenzschicht mit der Länge $l$ wäre, d. h. er nahm $\Gamma = Ul$ an. Wenn man aber den letzteren Zirkulationswert verwendet und mit seiner Hilfe die Wirbelstraßengeschwindigkeit $U$ berechnet und weiter für den Kreiszylinder angenähert $h = a$ ($a$ = Zylinderdurchmesser) setzt, so erhält man für den Wirbelwiderstand einen zweimal so großen Wert, wie sich experimentell ergibt. Deshalb schreibt KÁRMÁN aus diesem Anlaß: „Obwohl die Bestimmung der Zirkulation prinzipiell sehr wichtig ist, ist dieses Problem hoffnungslos."

Der Grund der Abweichungen liegt offensichtlich in der von KÁRMÁN getroffenen Hypothese über die Zirkulation $\Gamma$ und nicht in der Zahl $\varkappa$. Auf diese Frage werde ich später noch zurückkommen.

Ich will endlich bemerken, daß alles bis jetzt über die Stabilität Gesagte sich nur auf die schachbrettartig angeordnete Wirbelstraße (auf Lücke) bezieht, da für Straßen mit symmetrischer Anordnung bewiesen wird, daß sie kategorisch instabil sind. Dieses letztere Ergebnis zitiere ich hier nur mit Vorbehalt. Ich komme darauf später noch zurück.

## 2. Enges Stabilitätskriterium (v. KÁRMÁN)

Das Kriterium, welches v. KÁRMÁN und nach ihm andere Autoren anwenden, um Stabilität der schachbrettartigen Wirbelstraße festzustellen (zu welchem Zweck die Wirbel gewissen kleinen Verschiebungen unterworfen werden und in den Bewegungsgleichungen nur die Glieder erster Ordnung beibehalten werden), lautet:

Werden alle Wirbel des Systems oder auch nur gewisse von ihnen zu einem Zeitpunkt beliebig kleinen Störungen unterworfen, so bleiben im weiteren Verlauf der Zeit alle Wirbel denjenigen Lagen nahe, welche sie eingenommen hätten, wenn sie keinen Störungen unterworfen worden wären.

## 3. Allgemeines periodisches Störungsgesetz

Es sei (vgl. „Théorie des tourbillons", H. VILLAT, 1930)

$$\frac{dF}{dz} = w(z) = u - iv = \frac{1}{2\pi i} \frac{\Gamma_k}{z - z_k} \tag{3}$$

die komplexe Geschwindigkeit, wobei $z = x + iy$. Will man die Geschwindigkeit irgendeines einzelnen Wirbels des Systems erhalten, so ist der Summand, welcher dem betrachteten Wirbel entspricht, auszuschließen. Die Funktion $(2\pi i)^{-1} \Sigma \Gamma_k$ $: (z - z_k)$ ist dadurch gekennzeichnet, daß sie lauter einfache Pole $z_k$ besitzt und im Unendlichen verschwindet. Durch diese Angaben ist die Funktion $w(z)$ vollkommen bestimmt, wenn wir die ganze Ebene als Flüssigkeitsebene betrachten; denn werden von $w(z)$ die den Polen entsprechenden Hauptteile $\Gamma_k : 2\pi i(z - z_k)$ subtrahiert, so wird die Differenz, die überall regulär ist und im Unendlichen verschwindet, auf eine Konstante vom Betrage Null reduziert.

Dasselbe Ergebnis erhält man auch in dem Fall, daß die Anzahl der Wirbel der Konfiguration unendlich groß ist; man muß nur gegebenenfalls die Glieder in (3) so umformen, daß die den Summen in (3) entsprechenden unendlichen Reihen konvergent werden.

Wenn wir nun eine schachbrettartige Wirbelstraße betrachten, für welche

$$z_0'' = z_0 - l - 2ih \tag{4}$$

gilt (der Index ′ bezeichnet die obere Reihe und ″ die untere), so erhält man bekanntlich den Ausdruck

$$\frac{2\pi}{\Gamma}(v_0 + iu_0) = \sum_1^\infty \left(\frac{1}{z_0' - z_k'} + \frac{1}{z_0' - z_{-k}'}\right) - \frac{1}{z_0'' - z_0'} - \sum_1^\infty \left(\frac{1}{z_0' - z_0''} + \frac{1}{z_0' - z_{-k}''}\right). \tag{5}$$

Bei einer beliebigen Störung des Wirbelsystems um gewisse kleine Größen $\zeta_k' = \xi_k' + i\eta_k'$, $\zeta_k'' = \xi_k'' + i\eta_k''$ nehmen die Gleichungen (5) die Form eines Systems von unendlich vielen Differentialgleichungen mit unendlich vielen Unbekannten an. Nach FOURIER erhalten wir hinreichend allgemeine Lösungen durch lineare Kombination von periodischen Deformationen der folgenden Art:

$$\begin{cases}\xi_k' = M' e^{i\omega(\lambda t + x_k')} \\ \eta_k' = iN' e^{i\omega(\lambda t + x_k')}\end{cases} \begin{cases}\xi_k'' = M'' e^{i\omega(\lambda t + x_k'')} \\ \eta_k'' = iN'' e^{i\omega(\lambda t + x_k'')}\end{cases} \begin{cases}x_0'' = x_0' - l \\ x_k' = x_0' + 2kl, \ldots\end{cases} \tag{6}$$

Hier bedeuten $M'$, $N'$, $M''$, $N''$ gewisse Konstanten. Auf den rechten Seiten der Ausdrücke (5) werden nur Realteile genommen.

Mit anderen Worten: Wir benutzen den Satz von FOURIER, nach welchem jede beliebige Störung aus periodischen Störungen zusammengesetzt werden kann. Wenn ein System bei periodischen Störungen stabil ist, so ist es auch bei beliebigen Störungen stabil.

## 4. Spezielles Gruppenstörungsgesetz

Außer diesem allgemeinen periodischen Störungsgesetz, das die Reduktion des unendlichen Systems von Differentialgleichungen auf ein endliches ermöglicht, gibt es noch andere spezielle Störungstypen, die eine Reduktion ebenfalls ermöglichen.

Solche speziellen Störungen sind z. B. die Gruppenstörungen. Wir führen die folgenden zwei Typen von speziellen Gruppenstörungen ein: Beim ersten Typ erfahren sämtliche Wirbel einer jeden Reihe der Wirbelstraße zwar dieselbe Störung, aber die Störung ist für beide Wirbelreihen verschieden. Beim zweiten Typ erfahren die Wirbel von geradzahligem Index in einer Wirbelreihe alle dieselbe Verschiebung, ebenso die Wirbel von ungeradem Index eine andere Verschiebung; demzufolge erfahren benachbarte Wirbel verschiedene Störungen.

Die Störung vom ersten Typ nenne ich „gleichartige Störung", die vom zweiten Typ „alternative Störung". Alle beiden Störungstypen, die „gleichartige" und die „alternative" Störung, nenne ich „Gruppenstörungen", weil sie offensichtlich die unendliche Wirbelstraße in „Gruppen" mit der gleichen Zahl von Wirbeln einteilen (in unseren Fällen eine bzw. zwei und im allgemeinen mehr als zwei, d. h. endlich viele Wirbel). Mit Erhöhung der Zahl der Wirbel in einer Gruppe ändert sich die durch die Gruppenstörung verursachte Wellenlänge. Die Gruppenstörung könnte demnach als ein Spezialfall der periodischen Störung nach dem Gesetz $\tau e^{ik\varphi}$ mit der in der Zeit veränderlichen Phasenänderung $\varphi$ angesehen werden.

Es ist zu bemerken, daß die speziellen Störungstypen sich besonders in den Fällen als bedeutungsvoll erwiesen haben, bei denen die auf Grund der angenommenen Stabilitätsdefinition erhaltene Stabilität angezweifelt wurde.

## 5. Gruppenstörungen erster Ordnung (Durand-Dolaptschiew)

G. Durand (Sur la stabilité des files tourbillonaires, Compt. rendus de L'Acad. Paris, 1933) kam zu der Schlußfolgerung, daß die schachbrettartige Wirbelstraße auch dann instabil ist, wenn die Bedingung (2) Kármáns erfüllt ist.

Durand führt die eben erwähnten zwei Typen von Gruppenstörungen ein. Er erhält sowohl für die gleichartigen als auch für die alternativen Störungen das Resultat, daß in den Lösungen der Differentialgleichungssysteme, die aus vier bzw. acht Differentialgleichungen für die Störungsbewegungen der Wirbel bestehen, d. h. in den endlichen Bewegungsgesetzen der Wirbel, Glieder vorkommen, welche die Zeit $t$ linear enthalten. Diese Lösungen, die ich ebenfalls erhalten habe, lauten:

a) für die gleichartige Störung

$$x(t) = \lambda(\overline{y}'_0 - \overline{y}''_0)t; \tag{7}$$

b) für die alternative Störung

$$x'_0(t) = \frac{\overline{x}'_0 - \overline{x}'_1}{2} + \frac{\lambda}{2}C_2 t + \frac{1}{2}[e^{\mu t}(a\cos\nu t + b'\sin\nu t) + e^{-\mu t}(b\cos\nu t + a'\sin\nu t)], \tag{8}$$

wobei

$$\lambda = \frac{\pi^2}{4l^2}\cosh^{-2}(\varkappa\pi), \quad \mu = \frac{\pi^2}{4l^2}\left(\cosh^{-2}(\varkappa\pi) - \frac{1}{2}\right), \quad \nu = \frac{\pi^2}{4l^2}\frac{\sinh(\varkappa\pi)}{\cosh^2(\varkappa\pi)}; \quad a, b, a', b' \neq 0 \tag{9}$$

und

$$C_2 = \overline{y}'_0 + \overline{y}'_1 - (\overline{y}''_0 + \overline{y}''_1). \tag{10}$$

Dabei bedeuten die quergezeichneten Koordinaten Ausgangslagen der Wirbel. Das Auftreten der Glieder, welche in $t$ linear sind und mit Anwachsen der Zeit unendlich werden, zeigt uns sofort, das die beiden Störungstypen eine Instabilität der schachbrettartigen Wirbelstraße bedingen, auch wenn Kármáns Stabilitätsbedingung (2) erfüllt ist.

Für die gleichartige Störung folgt das für alle Anfangsstörungen, für welche $\overline{x}'_0 \neq \overline{x}''_0$, $\overline{y}'_0 \neq \overline{y}''_0$, da außerdem $\lambda \neq 0$; für die alternative Störung, falls $C_2 \neq 0$, auch wenn $\mu = 0$ ist, d. h. wenn $\cosh(\varkappa\pi) = \sqrt{2}$.

Die weiteren Berechnungen, welche ich in meiner Arbeit „Über die Stabilität der Kármánschen Wirbelstraße" (ZAMM, 17, 1937) durchgeführt habe, zeigen jedoch, daß die entsprechenden Koeffizienten von $t$ in den kritischen Gliedern beider Wirbelreihen exakt gleich sind, was bedeutet, daß die genannten Störungen keine Zerstörung der Wirbelstraße, sondern nur eine Translation verursachen. Diese Translation wahrt die Form der Wirbelstraße, die sich weiter als ein Ganzes mit konstanter Geschwindigkeit bewegt, im allgemeinen jedoch nicht in Richtung der Konfigurationsachse. Diese Translationsbewegung der Wirbelstraße wollen wir nicht als Instabilität gelten lassen, obwohl sie der im § 2 gegebenen Stabilitätsdefinition widerspricht, da sich jetzt die Wirbel nicht in den Lagen bewegen, in denen sie sich bewegt hätten, falls sie nicht gestört worden wären. Man ersieht daraus, daß das angenommene Stabilitätskriterium nicht zweckmäßig ist und deshalb in gewissem Sinne erweitert werden muß.

Bevor wir eine solche Erweiterung vornehmen, wollen wir von einem mechanischen Gesichtspunkt aus den Charakter der beiden benutzten Gruppenstörungen studieren.

Es läßt sich unmittelbar erkennen, daß sowohl die gleichartige wie auch die alternative Störung eine Änderung der ursprünglichen Anordnung der Wirbelstraße sowohl in der Quer- wie in der Längsrichtung verursachen, und zwar in folgender Weise: Bei der gleichartigen Störung verbreitert (verengt) sich die Straße, d. h. verändert sich der Abstand $2h$ zwischen den beiden parallelen Wirbelreihen, und gleichzeitig verschiebt sie sich aus ihrer schachbrettartigen Anordnung; bei der alternativen Störung erhalten wir im allgemeinen vier verschiedene parallele Wirbelreihen. Ohne jede Rechnung ist es klar, daß bei Verrückung aller Wirbel einer der beiden Reihen (aber auch beider Wirbelreihen, falls die Verrückungen verschieden sind) um eine kleine Größe sich die Wirbelstraße mit einer konstanten Geschwindigkeit bewegen wird, die der Geschwindigkeit ihrer ungestörten Bewegung sowohl der Größe wie der Richtung nach, ungleich sein wird. Für die schachbrettartige Anordnung ergibt sich diese konstante Geschwindigkeit zu

$$U_z = \frac{\Gamma}{4l} \operatorname{tgh}(\varkappa\pi) \tag{11}$$

und ist von der Straßenbreite $2h$ abhängig.

Auf diese Weise haben wir gezeigt, daß die untersuchte Störungsbewegung instabil im Sinne der engen Stabilitätsdefinition ist, wie auch die Anordnung der Wirbelstraße sei.

Bei der alternativen Störung haben wir neben einer geradlinig-gleichförmigen Bewegung noch eine ihr superponierte zusammengesetzt-oszillatorische Bewegung, die sich auf eine beschränkte periodische Bewegung reduziert, wenn die Wirbelanordnung der KÁRMÁNschen Stabilitätsbedingung $\mu = 0$ genügt.

Die Geschwindigkeit der ersten dieser Bewegung ist, wie gesagt, der Größe und der Richtung nach für die beiden Reihen gleich; ihre Projektionen sind nämlich $C_2$ bzw. der Konstanten $C_1 = \bar{x}_0' + \bar{x}_1' - (\bar{x}_0'' + \bar{x}_1'')$ proportional, demzufolge verursacht ihr Nichtverschwinden keine Versetzung der Wirbel irgendeines Paares, sondern nur wie bei der gleichartigen Störung eine schwache Ablenkung der ganzen Straße aus ihrer ursprünglichen Richtung.

Demnach haben die in $t$ linearen Glieder, die mit der Zeit unendlich werden, tatsächlich den Charakter einer Translation des Wirbelsystems. Das Nichtverschwinden von $C_2$ und $C_1$ beeinflußt die Stabilität der Wirbelanordnung gar nicht.

Wir haben also das Ergebnis: Wenn die Wirbel gegenseitig gestört werden (alternative Störung), erhalten wir Stabilität, allerdings nicht nach der im Anfang gegebenen Definition. Bald werden wir sehen, wenn wir Störungen höherer Ordnung heranziehen, daß die Konstante $C_2$ eine wesentliche Rolle spielen wird.

Hier möchte ich noch darauf aufmerksam machen, daß bei einer Gruppenstörung stets eine zweite vertikale Komponente der Geschwindigkeit der Wirbelstraße auftritt, die eine schräge Fortbewegung der ganzen Wirbelkonfiguration bedingt. Auf diesen Effekt kommen wir später zurück.

## 6. Gruppenstörungen höherer Ordnung (SCHMIEDEN-DOLAPTSCHIEW)

Ich will nun auf eine weitere Untersuchung zur Stabilität der Wirbelstraßen übergehen, welche C. SCHMIEDEN in seinen zwei Veröffentlichungen „Zur Theorie der KÁRMÁNschen Wirbelstraße“ (Ingen. Archiv, 7, 1936) durchgeführt hat. SCHMIEDEN bemerkt: Wenn die Versetzungen der Wirbel, die sich aus den Bewegungsgleichungen mit nur Gliedern erster Ordnung ergeben, mit der Zeit abnehmen oder nicht größer als die Anfangsverschiebungen werden, so können wir schließen, daß die Wirbelkonfiguration stabil ist. Dabei wird aber a priori vorausgesetzt, daß die Glieder höherer Ordnung, die im Anfang des Prozesses sicher vernachläßigt werden können, auch während des ganzen Prozesses der Störung klein genug bleiben. Diese Annahme, meint SCHMIEDEN mit Recht, ist wahrscheinlich nicht immer erfüllt.

SCHMIEDEN stellt sich dann folgendes Problem: Wenn wir auch die Glieder höherer Ordnung der kleinen Störungen eines schachbrettartigen Wirbelsystems berücksichtigen, kann dann vielleicht Instabilität auch in dem Fall auftreten, daß das geometrische Verhältnis $h/l$ der KÁRMÁNschen Bedingung (2) genügt?

In seiner Untersuchung, bei welcher er die Methode der Berührungstransformation verwendet, wählt er als einen speziellen Typ von Störungen, der der KÁRMÁNschen Stabilität widerspricht, ebenfalls die Gruppen- bzw. die alternative Störung. In seiner nichtlinearisierten Theorie kommt SCHMIEDEN zu dem Schluß, daß die KÁRMÁNsche schachbrettartige Straße, welche für Störungen erster Ordnung beim Erfülltsein von (2) stabil ist, sich jetzt als instabil erweist. Bemerkenswert ist dabei, daß diese Instabilität jetzt vom Nichtverschwinden der Konstanten $C_2$, die auch in seiner Stabilitätsbedingung auftritt, herrührt.

Die Anfangsstörungen, bei denen $C_2 = 0$ ist, nennt SCHMIEDEN „Störungen erster Art“, die, bei denen $C_2 \neq 0$ ist, „Störungen zweiter Art“.

In meinen Arbeiten „Über die Stabilität der KÁRMÁNschen Wirbelstraße“ (ZAMM 37, 1937) und „Störungsbewegungen (Bahnen) der einzelnen Wirbel der Kármánschen Wirbelstraße“ (ZAMM 38, 1938), in denen ich dieselbe Störung untersuchte, kam ich zu demselben Ergebnis, und zwar schon bei Störungen zweiter Ordnung. Als Stabilitätsbedingung ergab sich die Bedingung

$$\tau = \mu - C_2 \nu \sqrt{\lambda} = 0. \tag{12}$$

Dieser Ausdruck $\tau$ enthält außer den bekannten Konstanten $\lambda$, $\mu$ und $\nu$ noch die von Anfangsstörungen $\bar{y}_0'$, $\bar{y}_0''$, $\bar{y}_1'$, $\bar{y}_1''$ abhängende Konstante $C_2$. Da $\lambda \neq 0$, $\nu \neq 0$, bedingt eben diese Konstante $C_2$ auch bei SCHMIEDEN die Instabilität.

Wenn $C_2 = 0$ ist, lautet die Stabilitätsbedingung wiederum $\mu = 0$, d. h. man erhält wieder KÁRMÁNS Stabilitätsrelation (2). Wenn $C_2 \neq 0$ ist, so scheint es zunächst, daß Instabilität folgt.

Folglich würde man, je nachdem ob für die Anfangsverschiebung $C_2 = 0$ oder $C_2 \neq 0$ ist, zwei entgegengesetzte Effekte erhalten: im ersten Fall ergibt sich die KÁRMÁNsche Stabilität, im zweiten Fall nur relative, d. h. Instabilität.

Ich werde nun jedoch zeigen, daß sich die zweite Art Störungen immer auf die erste Art reduziert und nur die KÁRMÁNsche Bedingung auch bei Störungen zweiter Ordnung resultiert. Denn die Bedingung $C_2 \neq 0$ bedeutet auch hier eine Verbreiterung oder Verengung der Wirbelstraße mit KÁRMÁNscher Ausgangslage.

Betrachten wir z. B. die folgenden Störungen zweiter Art mit dem Anfangsverschiebungen:

$$\text{I.}\ \bar{x}_0' = -\bar{x}_1',\ \bar{y}_0' = 0 = \bar{y}_1';\ \bar{x}_0'' = 0 = \bar{x}_1'',\ \bar{y}_0'' = 2r,\ \bar{y}_1'' = 0.$$

$$\text{II.}\ \bar{x}_0' = \bar{x}_1',\ \bar{y}_0' = 2r,\ \bar{y}_1' = 0;\ x_0'' = \bar{x}_1'',\ \bar{y}_0'' = y_1''.$$

Jetzt ist $C_2 = \pm 2r$. Die Anfangskonfiguration soll die Beziehung $\cosh(\varkappa\pi) = \sqrt{2}$ erfüllen und nach KÁRMÁN in bezug auf Störungen erster Ordnung stabil sein.

Von diesen und ähnlichen Wirbelkonfigurationen wurde behauptet, daß sie sich bei Störungen höherer Ordnung (im betrachteten Fall schon bei zweiter Ordnung) instabil erweisen würden; denn es würde dann eigentlich eine Straße gestört, deren Breite $2h' = 2h \pm r$ ist, für welche die Stabilitätsbedingung (2) also offenbar nicht erfüllt sein kann. Es wird eben die neue Straße mit der Breite $2h'$ gestört und nicht ihre alte Lage mit der Breite $2h$.

Wenn dann $\cosh(\varkappa'\pi) \neq \sqrt{2}$ ist, so ist es selbstverständlich, daß Instabilität auftritt. Es ist dann aber auch nicht mehr die KÁRMÁNsche Anordnung, die sich als instabil erweist.

Der Unterschied in den Effekten unserer zwei Störungsarten erfordert also eine allgemeinere Festlegung der Grundform der Straße. Solange eine Anfangsstörung nur die Breite der zwei Wirbelreihen ändert, kann man nicht von einer Ausgangslage sprechen, welche gestört worden ist. Hydrodynamisch heißt das folgendes: Die verschobenen Wirbel, etwa wie in den Fällen I. und II., verhalten sich so, daß sie nicht mehr zu dem Ort der unverschobenen Wirbel zurückkehren und dort oszillieren, sondern daß zum Schluß ein Oszillieren um eine neue Lage auftritt, die in jeder der Reihen als „Schwerelinie" aller Wirbel (der verschobenen und unverschobenen) aufzufassen ist. Ist die eine Reihe ungestört (wie im Falle II. die untere) oder unversetzt in der ursprünglichen Lage geblieben (wie im Falle I. die obere Reihe), so bleibt ihre Schwerelinie dieselbe, während die der anderen Reihe um $\pm r$ versetzt wird. Um nun von einer Grundform gegenüber einer gestörten Form sprechen zu können, muß jene entsprechend bestimmt werden. Wir definieren:

$2h$ ist der Abstand der Schwerelinie der Wirbel der oberen Reihe von der unteren Reihe. Nach dieser Definition ist $C_2$ immer gleich Null.

Daraus leiten wir den die KÁRMÁNschen Ausführungen bestätigenden Satz ab:

Wenn die Breite $2h$ der Grundform der Wirbelstraße so gewählt wird, daß $C_2$ gleich Null ist, dann ist Stabilität für $h/l = 0{,}281$ vorhanden, auch bei Störungen zweiter Ordnung.

Wir müssen hier die wichtige Bemerkung machen, daß dieser Satz nicht die Ordnung, sondern die Art der Störung betrifft.

Bevor wir in unserem Überblick auf weitere Ergebnisse der Stabilitätstheorie der Wirbelstraßen eingehen, möchte ich darauf aufmerksam machen, daß die Formeln (7), (8), die schon bei den Störungen erster Ordnung gelten, einen merkwürdigen Effekt enthalten. Es handelt sich um die sog. „schräge" Translation, die immer dann eintritt, wenn $C_1 \neq 0$, d. h., wenn die beiden Wirbelreihen sich parallel verschieben. Man ersieht, daß die Aufgabe von der Stabilität der Wirbelstraße eine allgemeinere Basis verlangt.

Es ergibt sich nämlich folgendes Problem: Gehen wir von vornherein weder von einer symmetrischen noch von einer schachbrettartigen, sondern von einer asymmetrischen (zweiparametrigen) Wirbelstraße aus, so kann man fragen, wie steht es mit der Fortbewegung der ungestörten Wirbelstraße und mit der Stabilität der gestörten asymmetrischen Wirbelanordnung, die auch nach der Anfangsstörung immer noch asymmetrisch bleibt?

## 7. Prandtls Vermutung

Im Jahre 1938 hatte L. PRANDTL mir gegenüber die folgende Vermutung geäußert: „Es erscheine vom mechanischen Standpunkt aus merkwürdig, daß die KÁRMÁNsche Stabilitätsbedingung (2) eine Punktstabilität darstelle, während es viele Gründe dafür gebe, daß hier eigentlich eine Gebietsstabilität vorliege."

Wie die späteren Untersuchungen gezeigt haben, die von A. W. MAUE und von mir, unabhängig voneinander, vorgenommen wurden, hatte PRANDTL recht.

Ich möchte darauf hinweisen, daß lange vor den erwähnten Autoren bereits L. ROSENHEAD (Double row of vortices with arbitrary stagger, Proc. Cambr. Soc., 1929) die asymmetrische Anordnung der Wirbel in der Konfiguration als Ausgangsanordnung untersuchte. ROSENHEAD führte jedoch seine Stabilitätsuntersuchung nicht bis zu Ende durch, insofern die sich ergebende Vertikalkomponente der Geschwindigkeit der betrachteten asymmetrischen ungestörten Wirbelstraße ihn zu dem Schluß verführte, daß alle diese allgemeinen Wirbelanordnungen (außer der KÁRMÁNschen), da sie sich nicht gerade, sondern schief bewegen, als instabil anzusehen seien.

Denselben Schluß finden wir auch bei H. GLAUERT (Grundlagen der Tragflügel- und Luftschraubentheorie, 1929), der meint: Sobald bei jeder anderen, außer bei der symmetrischen und schachbrettartigen Wirbelanordnung die auf jeden einzelnen von den übrigen Wirbeln induzierte Geschwindigkeit eine Komponente besitzt, die senkrecht zu den Wirbelreihen steht, so wird die Wirbelstraße nicht mehr stabil bleiben, sondern zerstört werden.

Diese beiden Behauptungen sind nicht gerechtfertigt.

## 8. Verallgemeinerte Stabilitätsbedingung (MAUE-DOLAPTSCHIEW)

Mit funktionentheoretischen Methoden, die bequemer als die Rechnungen mit unendlichen Summen erscheinen, erfolgte 1940 durch MAUE in seiner Arbeit „Zur

Stabilität der KÁRMÁNschen Wirbelstraßen“ (ZAMM, 20) eine neuerliche Bearbeitung des Problems der Stabilitätsuntersuchung der Wirbelstraße, wobei er von einer verallgemeinerten asymmetrischen Wirbelanordnung ausging.

In meiner bulgarischen Arbeit des Jahres 1942 „Zweiparametrige Wirbelstraßen“ (Godischnik Sofijski Universität, Fak. Phys.-math. Bd. 39) stellte ich mir die Aufgabe, einerseits diejenige „schräge“ Fortbewegung der asymmetrischen Wirbelstraßen, die aus den symmetrischen oder aus den schachbrettartigen durch gewisse Verschiebungen hervorgehen, zu ermitteln und andererseits die von PRANDTL vermutete Gebietsstabilität festzustellen. Die dabei von mir verwendete Methode ist dieselbe wie die in der Arbeit über Störungen zweiter Ordnung.

Es wurde statt der KÁRMÁNschen Anordnung (4) die asymmetrische Anordnung

$$z_0'' = z_0' - l - 2ih \pm 2d \tag{13}$$

betrachtet, für die sich die neue Stabilitätsbedingung

$$\sinh(\varkappa\pi) = \sin(\lambda\pi) \tag{14}$$

ergab ($\lambda = d/l$ ist der zweite Parameter), die für $d = l/2$ in die KÁRMÁNschen Bedingung $\sinh(\varkappa\pi) = 1$ übergeht.

Diese neue Bedingung stellt die gesuchte Gebietsstabilität bei idealer Flüssigkeit, die wir voraussetzen, dar. Es sind demnach unendlich viele allgemeine Wirbelanordnungen vorhanden, die stabil sein können. Hierin könnte auch die Erklärung dafür liegen, daß KÁRMÁNS Zahl $h/l = 0{,}281$, welche die Stabilitätsanordnung vorschreibt, nicht die einzige ist.

## 9. Schräge Fortbewegung der Wirbelstraßen

Daneben habe ich mich in meiner Untersuchung etwas ausführlicher noch mit einer anderen Eigenschaft der von mir sogenannten „zweiparametrigen Wirbelstraße“ beschäftigt, die von MAUE — meiner Meinung nach — nicht ganz richtig gedeutet worden ist. Es handelt sich um die Geschwindigkeit der ungestörten asymmetrischen Wirbelstraße.

Während die Straße mit symmetrischer Anordnung die Geschwindigkeitskomponenten

$$U_s = \frac{\Gamma}{4l}\coth(\varkappa\pi), \quad V_s = 0 \tag{15}$$

und die mit schachbrettartiger Anordnung

$$U_z = \frac{\Gamma}{4l}\operatorname{tangh}(\varkappa\pi), \quad V_z = 0 \tag{16}$$

hat, lauten die Geschwindigkeitskomponenten der Straße mit asymmetrischer Anordnung:

$$\left\{\begin{aligned} U_a &= \frac{\Gamma}{4l}\operatorname{tangh}(\varkappa\pi)\,\frac{1+\operatorname{tg}^2(\lambda\pi)}{\operatorname{tg}^2\lambda\pi+\operatorname{tgh}^2(\varkappa\pi)} \\ V_a &= -\frac{\Gamma}{4l}\operatorname{tang}(\lambda\pi)\,\frac{1-\operatorname{tgh}^2(\varkappa\pi)}{\operatorname{tg}^2\lambda\pi+\operatorname{tgh}^2(\varkappa\pi)}. \end{aligned}\right. \tag{17}$$

Wenn $\lambda$ verschieden von 0 und $^1/_2$ ist, so ist stets $V_a \neq 0$.

Hieraus schließt MAUE, daß die Achse der Wirbelstraße gegen die Richtung der Strömungsgeschwindigkeit $\mathfrak{v}_\infty$ geneigt wird, d. h., daß die Wirbelstraße selbst in Neigung zur Anströmung weiterfließt.

In diesem Sinne lesen wir auf S. 228 der „Vorlesung über die theoretische Physik" von A. SOMMERFELD (zweite Auflage, 1950) folgendes:

„Unsere Aufnahme 47b läßt leider die schiefe Richtung der entstehenden Wirbelstraße nicht deutlich erkennen, spricht aber auch nicht direkt dagegen . . ."
und ferner:

„Man darf erwarten, daß eine experimentelle Prüfung, wie sie von KÁRMÁN und RUBACH für die ‚geraden' Wirbelstraßen ausgeführt ist, auch das auf ‚schiefe' Wirbelstraße erweiterte Stabilitätskriterium (12) bestätigen wird . . ."

Ich erlaube mir an dieser Stelle hervorzuheben, daß auf Grund des theoretischen Resultats $V_a \neq 0$ allein der Schluß von MAUE nicht zulässig ist. Wir haben in der Tat auch jetzt einzig und allein den Fall einer *schrägen* Translation der ganzen Wirbelkonfiguration gegenüber der Richtung $\mathfrak{v}_\infty$, da die zweite Komponente $V_a$ in (17) sich auf alle Wirbel sowohl die der oberen als auch der unteren Reihe bezieht. Die Wirbelstraße selbst bleibt in der ganzen Zeit parallel der Richtung der Anströmung. Die schräge Fortbewegung der Wirbelstraße erfolgt mit der Geschwindigkeit $\vec{W}\,(U_a, V_a)$.

Erinnern wir uns an die schräge Fortbewegung, die wir schon im Falle der schachbrettartigen Anordnung sowohl bei Störungen erster Ordnung als auch zweiter Ordnung feststellten, so sehen wir, daß die Ursache dieser schrägen Translation in der mit $C_1 \neq 0$ ausgeübten Versetzung der Wirbelreihen gegeneinander zu suchen ist. Ich möchte noch bemerken, daß es auch keine weiteren Gründe gibt, die eine Neigung der Wirbelstraße möglich erscheinen lassen, außer der einer Richtungsänderung der gesamten parallelen Flüssigkeitsströmung. MAUE schlägt vor, eine Platte zu benutzen, die gegen die parallele Strömung schräg gestellt wird und hinter welcher die entstandene Wirbelstraße schräg verläuft (l. c., S. 137, Fig. 7). Die Versuche, die von mir im Aerodynamischen Institut in Budapest durchgeführt wurden, haben keinen die MAUEsche Behauptung bejahenden Effekt ergeben.

## 10. Eigenschaften von Wirbelstraßen verschiedener Ordnung

Es erhebt sich nun die Frage: Kann sich die Wirbelstraße, wenn auch translatorisch, schräg fortbewegen? Das heißt mit anderen Worten: Kann sich die Achse der Wirbelstraße selbst parallel verschieben, falls wir den schachbrettartigen oder den symmetrischen Anordnungen Ausgangsverschiebungen erteilen (z. B. nach den Gruppenstörungen), die sie auf eine asymmetrische Anordnung bringen, bei der die Wirbelreihen nebeneinander versetzt werden?

Zur Beantwortung dieser Frage wollen wir zunächst die kennzeichnenden Eigenschaften der drei Formen von Wirbelstraßen, nämlich der symmetrischen, der schachbrettartigen und der asymmetrischen Anordnung angeben.

Fixieren wir den Abstand $2l$ zwischen je zwei benachbarten Wirbeln jeder Reihe, so läßt sich beweisen, daß einerseits

$$h_s < h_a < h_z \tag{18}$$

und andererseits

$$\vec{W}_s > \vec{W}_a > \vec{W}_z. \tag{19}$$

Diese Verhältnisse zeigen uns, daß die asymmetrische Wirbelstraße breiter und langsamer als die symmetrische ist, aber schmäler und schneller als die schachbrettartige. Mit anderen Worten, wenn wir von einer symmetrischen Anordnung der Wirbelstraße gegebener Breite ausgehen und ihre beiden Wirbelreihen gegeneinander verschieben, so können wir auf unendlich viele stabile symmetrische Wirbelkonfigurationen stoßen, welche langsamer aber breiter sind und welche wir als Übergangslagen zur langsamsten und breitesten schachbrettartigen Wirbelstraße ansehen; diese schachbrettartige Straße soll als letztes Stadium gelten. Solange der Übergang zu diesem letzten Stadium dauert, erfährt die Straßenachse eine schwache schräge Fortbewegung parallel zu ihrer ursprünglichen Lage, die jedoch wegen der Gesamtgröße der Strömungsgeschwindigkeit kaum merkbar ist.

## 11. Stabilisierung der Wirbelstraßen

Diese Deutungen habe ich in meiner Arbeit „Stabilisation des fils de tourbillons" (Comptes Rendus de l'Acad. Bulgare de Sci., 1949) bestätigt, in der ich mir folgendes Problem stellte: Bei gleichzeitigen Operationen der gleichartigen Störung, d. h. bei gleicher und entgegengesetzter Verschiebung und Verengung der stabilen Ausgangsanordnung einer schachbrettartigen Straße ist die Bahn irgendeines Wirbels zu bestimmen. Zu diesem Zweck wird folgende Störung untersucht:

$$z_0'' = z_0' - l \mp 2\xi - 2ih \pm 2i\eta = z_0' - 2l\left[\left(\frac{1}{2} \pm \frac{\xi}{l}\right) + i\left(\frac{h}{l} \mp \frac{\eta}{l}\right)\right] \\ = z_0' - 2l(\varphi + i\psi). \tag{20}$$

Es ergab sich für die Bahn jedes einzelnen Wirbels die Kurve

$$\sinh(\psi\pi) = \sin(\varphi\pi) \tag{21}$$

oder

$$\eta = h - \frac{l}{\pi}\ln\left[\sqrt{1 + \cos 2\xi\pi} \pm \cos\xi\pi\right]. \tag{22}$$

Die Gleichung (21) zeigt uns, daß alle Wirbel bei ihrer Bewegung durch die Übergangslagen — Kurven von der Form (21) — ständig durch die Stabilitätsbedingung der so entstandenen asymmetrischen Wirbelstraßen regiert werden. Diese Kurven lassen ersehen, auf welchem Weg sich einzelne Wirbel der Konfiguration bewegen, bevor sie von irgendeiner fast symmetrischen Anordnung zur stabilen KÁRMÁNschen Lage kommen. Solange sich dieser Übergang vollzieht, werden die Straßen immer breiter und immer langsamer, und gleichzeitig damit nimmt die schräge translatorische Ablenkung der Wirbelstraße immer mehr und mehr ab, bis sie sich „gerade" zu bewegen anfängt. Diesen Prozeß nannte ich „Stabilisierung" der Wirbelstraßen.

Bei den Gruppenstörungen haben die Ausgangsrelationen dieselbe Bedeutung wie eine asymmetrische Wirbelanordnung, weil damit eine Zerstörung der schachbrettartigen Anordnung verursacht wird.

Wenn man aber von vornherein nicht von einer schachbrettartigen, sondern von einer asymmetrischen Anordnung ausgeht, obwohl periodische Störungen verwendet werden (vgl. meine Arbeit „Über die Stabilität und die schräge Fortbewegung zweiparametrigen Wirbelstraßen", Doklady Akad. Nauk, UdSSR, 1954), erhält man immer eine schräge Translation, während der sich die Wirbelstraße so stabilisiert, daß sie eine maximale Breite und eine minimale Geschwindigkeit annimmt. Die Stabilitätsbedingung (21), welche nun auch die Stabilitätsbahn beschreibt, garantiert, daß die Wirbelstraße selbst nicht gestört wird. Der so charakterisierten theoretischen Eigenschaft entspricht die physikalische Erscheinung: Falls der Durchmesser $2a$ des umflossenen Zylinders nicht zu klein ist, wird in der Tat die Breite der Wirbelstraße größer als $2a$.

## 12. Kritik der Stabilitätskriterien

Aus dem bisher Gesagten folgt, daß der Effekt der schrägen Translation der Wirbelstraße, die immer noch Wirbelstraße bleibt, eine Revision unserer im Anfang gegebenen Stabilitätsdefinition verlangt.

In einem Referat von G. HAMEL (Jahrb. ü. die Fortschr. d. Math., 64, 1938) hinsichtlich der Auseinandersetzung darüber, wann man das Verhalten der Wirbelstraße gegen Gruppenstörungen als stabil oder instabil bezeichnen soll, wenn auch Störungen höherer Ordnung berücksichtigt werden, gibt HAMEL meiner Deutung — wie er wörtlich anführt — „gefühlsmäßig" recht. „Nach der exakten Definition von KLEIN ist sie sicher instabil." Nach HAMELS Ansicht ist aber die KLEINsche Definition für Systeme von unendlichen Freiheitsgraden unzweckmäßig. „Es genügt nicht, daß die Störungen alle hinreichend klein sind, man wird sinnvoll verlangen müssen, daß die zu ihrer Erzeugung notwendige Energie noch klein sei. Das ist bei den benutzten Gruppenstörungen wohl nicht der Fall."

Ich habe aber betont (Doklady, 1954, 1. c.), daß nicht nur bei der Gruppenstörung, sondern auch bei den allgemeinen periodischen Störungen der Effekt der schrägen Fortbewegung (Translation) auftritt, sobald man von einer nichtschachbrettartigen, sondern asymmetrisch angeordneten Wirbelstraße ausgeht.

Nach allem bisher Dargelegten ist es ganz natürlich, daß eine andere umfassendere Stabilitätsdefinition Anwendung finden muß und gleichzeitig damit tiefer und ausführlicher in die Frage eingedrungen wird, „wann" und „wie" die Instabilität auftritt.

## 13. Verallgemeinertes Stabilitätskriterium (N. E. KOTSCHIN)

Zur Beantwortung dieser Fragen will ich nun zu der Arbeit von N. E. KOTSCHIN (On the Instability of v. KÁRMÁN Vortex Streets, Doklady Akad. Nauk, UdSSR, 1939) übergehen. KOTSCHIN schlägt eine gewisse Änderung der Stabilitätsdefinition vor, indem er feststellt, daß die KÁRMÁNsche schachbrettartige Wirbelstraße, welche die Stabilitätsbedingung (2) erfüllt, nicht anders als — wie er wörtlich anführt — „im geringsten instabil" ist.

Die erweiterte Stabilitätskriterium KOTSCHINS lautet folgendermaßen:

Man nennt ein Wirbelsystem stabil, wenn man für jede beliebig kleine positive Zahl $\varepsilon$ ein solches positives $\delta$ finden kann, daß bei jeder Verschiebung der Wirbel, die nicht größer als $\delta$ ist, die Bewegung so verläuft, daß der Abstand irgend zweier beliebiger Wirbel sich von dem Abstand ihrer ungestörten Lagen um eine Größe unterscheidet, die $\varepsilon$ nicht überschreitet.

In der erwähnten Arbeit beweist KOTSCHIN, daß KÁRMÁNS Stabilitätsbedingung notwendig, aber nicht hinreichend ist, d. h., daß die schachbrettartigen Wirbelanordnungen, welche diese Bedingung erfüllen, ein instabiles Wirbelsystem darstellen. KOTSCHIN setzt voraus, daß die Verschiebung der Wirbel klein genug, aber endlich sind. Er betrachtet nicht die linearisierten Störungsgleichungen der Wirbel, sondern die Gleichungen in ihrer vollen Form (d. h., er behält in diesen Störungsgleichungen die Glieder bis zur vierten Ordnung bei). KOTSCHIN führt wieder die alternativen Gruppenstörungen ein und verwendet das soeben ausgesprochene Kriterium im Sinne von LJAPUNOW. Er beweist damit die Instabilität der schachbrettartigen Wirbelstraße auch in dem Falle, daß die KÁRMÁNsche Bedingung (2) erfüllt ist.

In meinen zwei russischen Arbeiten: „Verallgemeinertes Verfahren zur Stabilitätsuntersuchung beliebig geordneter Wirbelstraßen" und „Anwendung der Methode von N. E. KOTSCHIN zur Bestimmung des Gleichgewichtszustandes der zweiparametrigen Wirbelstraßen" (Doklady Akad. Nauk, UdSSR, 77 und 78, 1951) bin ich auch für die asymmetrischen Wirbelstraßen (welche von KOTSCHIN nicht betrachtet werden) zu demselben Ergebnis gekommen, auch dann, wenn die verallgemeinerte Stabilitätsbedingung (14) erfüllt ist.

## 14. Instabilität und Zerstörung der Wirbelstraßen

Ich erwähnte schon, daß diese Instabilität bei Störungen höherer Ordnung KOTSCHIN „geringste Instabilität" nennt, bei der die nach (2) stabilen Wirbelstraßen erster Ordnung sich erst dann als instabil erweisen, wenn die Störungsordnung viel höher als zwei ist. Wie ich gezeigt habe (ZAMM, 1937 und 1938), sind sie bei Störungen zweiter Ordnung immer noch stabil. Deshalb benutzten KOTSCHIN und andere Autoren bis heute die KÁRMÁNsche Stabilitätsbedingung bei der Bestimmung des Wirbelwiderstandes.

Ich habe in meiner Untersuchung „Störungsbewegungen (Bahnen) der einzelnen Wirbel der KÁRMÁNschen Wirbelstraßen (ZAMM, 18, 1938) gezeigt, daß die Wirbel bei Störungen zweiter Ordnung ziemlich lange Zeit noch auf Bahnen verlaufen, die sich wenig von ihren stabilen Trajektorien, d. h. von ihren alten Bahnen unterscheiden. Die stabilen Trajektorien selbst sind keine Kreise und keine Ellipsen. Ihre

Form hängt wesentlich von der Größe der Störungen ab. Erst allmählich erweitern sich die Wirbel ins Unendliche, wobei sie nicht so sehr längs der Strömung, sondern vorwiegend quer zu ihr pendeln. Die Wirbelstraße behält noch lange Zeit ihre Gestalt. Bei Störungen erster Ordnung nähern sich die instabilen Bahnen der Wirbel beinahe den Geraden, die durch den Schwerpunkt der gestörten Wirbelpaare verlaufen, während sich die quadratischen Kurven weithin zu beiden Seiten dieser Geraden erstrecken. Die Instabilität tritt langsam auf, und zwar mehr durch die großen Amplituden der Wirbelbewegungen der Wirbelpaare als durch Zerstörung dieser Paare. Tatsächlich bleibt der Abstand zweier Wirbel eines Paares mit anwachsender Zeit lange fast unverändert. Das so beschriebene Bild entspricht den Bewegungsgleichungen, die man bei Störungen zweiter Ordnung erhält, wobei keine Anordnung nach dem KÁRMÁNschen Parameter vorausgesetzt wird. Ist die KÁRMÁNsche Anordnung vorhanden und untersucht man Störungen höherer Ordnung, so kann man erwarten, daß die Instabilität noch langsamer auftreten wird, d. h., daß wir es bei $\sinh(\varkappa\pi) = 1$ tatsächlich mit geringster Instabilität zu tun haben.

## 15. Andere Untersuchungen von Wirbelstraßen

Unsere bisherige Rekapitulation bezog sich auf das Stabilitätsproblem einer zweiseitig unendlichen Wirbelstraße, die sich in einer reibungslosen und inkompressiblen Flüssigkeit befindet, und zwar ohne Anwesenheit des Hindernisses selbst, d. h. des Zylinders oder der Platte.

Eine solche ganz kurze Rekapitulation stellt auch die Note „Vortex streets in incompressible media" von M. Z. KRZYWOBLOCKI (Appl. Mech. Reviews, 6, 1953) dar, welche eine sehr ausführliche Literaturangabe enthält (ungefähr 180 Arbeiten).

Von einer ähnlichen kritischen Rekapitulation der mit der Theorie der Wirbelstraße verbundenen Probleme von L. ROSENHEAD (Vortex systems in wakes, Advances in appl. Mech. III, 1953) habe ich soeben erfahren.

In den nächsten Paragraphen möchte ich kurz über drei Richtungen in der Wirbelstraßentheorie berichten, die entweder der Anwesenheit des Hindernisses Rechnung tragen oder die Zusammendrückbarkeit der Flüssigkeit in Betracht ziehen oder aber reibende Wirbelzylinder behandeln.

## 16. Wirbelstraßen oder Wirbelpaare nebst Hindernissen. Theoretische Bestimmung aller Wirbelstraßenparameter

(HEISENBERG-KOSMODEMJANSKI-DOLAPTSCHIEW)

Es handelt sich erstens um Untersuchungen, welche der Anwesenheit des umflossenen Körpers selbst Rechnung tragen und so die in der KÁRMÁNschen Theorie der Wirbelstraßen auftretenden unbekannten Parameter auf rationellem Wege zu bestimmen versuchen.

Mit diesem Problem befasste sich im Jahre 1922 W. HEISENBERG (Die absoluten Dimensionen der KÁRMÁNschen Wirbelbewegung, Phys. Zeitschr. 23), der als

Strömungshindernis eine Platte betrachtete und die HELMHOLTZ-KIRCHHOFFsche unstetige Potentialbewegung zugrunde legte.

In den Jahren 1937 und 1940 zeigte A. A. KOSMODEMJANSKI in seinen zwei Arbeiten: „Zum Problem des Wirbelwiderstandes“ und „Über einige Fragen der aerodynamischen Theorie des Widerstandes“ (Učenie zapiski Moskowsk. gosud. Universiteta, VII, VI), daß höchstens drei Wirbelpaare der KÁRMÁNschen Wirbelstraße hinter einem Zylinder in schachbrettartiger Anordnung erforderlich sind, um die Zirkulation der Wirbelpaare und damit den Widerstand des Körpers annähernd bestimmen zu können.

Im Zusammenhang mit den Untersuchungen von KOSMODEMJANSKI stehen folgende Arbeiten: von mir „Über die angenäherte Bestimmung des Wirbelwiderstandes“ (Doklady Acad. Nauk, UdSSR, 98, 1954), „Verallgemeinerte FÖPPLsche Kurven im Zusammenhang mit der Wirbelwiderstandsbestimmung“ (ZAMM, 35, 1955) und von L. W. GLICKI „Experimentale Untersuchung der Wirbelbewegung in der Nähe schlechtumflossener Körper“ (Učenie zapiski MGU, 172, Mechanik, 1954).

KOSMODEMJANSKI macht folgende Hypothesen: 1. Auf Grund des Umstandes, daß die Breite der Wirbelstraße proportional dem Abstand der Ablösungspunkte der Wirbel am Zylinder ist, nimmt er an, daß die Breite genau gleich dem Durchmesser des Zylinders ist. 2. Da die relative Geschwindigkeit des ersten Wirbelpaares stets wächst, wobei auch die Zirkulation seiner Wirbel wächst, nimmt KOSMODEMJANSKI an, daß diese Geschwindigkeit und diese Zirkulation dort am größten werden, wo die senkrechte Komponente der Geschwindigkeit des Wirbelpaares verschwindet.

Die experimentale Arbeit von GLICKI bestätigt die zweite Hypothese.

Meine Untersuchung hatte das Ziel, die erste Hypothese KOSMODEMJANSKIS durch eine zusätzliche Annahme zur zweiten Hypothese zu ersetzen. Es ergab sich: Setzt man voraus, daß sich die Wirbelpaare vom Zylinder paarweise symmetrisch ablösen, d. h., daß sie entweder keine oder nur symmetrische Störungen erfahren, und zwar mit verschwindender relativer Vertikalgeschwindigkeit und mit maximaler Horizontalgeschwindigkeit, die gleich der Geschwindigkeit der so entstandenen symmetrischen Wirbelstraße ist, so ist genau dann die Breite der Wirbelstraße gleich dem Zylinderdurchmesser, wenn der Parameter gleich dem KÁRMÁNschen für die stabile schachbrettartige Anordnung ist.

## 17. Stabilitätsuntersuchungen von Wirbelstraßen in kompressiblen Medien (v. KRZYWOBLOCKI)

Es ist zweitens in einer Arbeit von M. Z. KRZYWOBLOCKI (On the Stability of BÉNARD-KÁRMÁN Vortex Street in Compressible Fluids, I-er Teil, Acta Physica Austriaca, 1954) die Stabilität einer unendlichen Wirbelstraße ohne Anwesenheit eines Hindernisses, aber unter Berücksichtigung der Kompressibilität der Flüssigkeit behandelt worden; es werden Potentialwirbel angenommen. KRZYWOBLOCKI kommt zu dem Schluß, daß jetzt nicht nur die symmetrischen, sondern auch die schachbrettartigen Wirbelstraßen unter keiner Bedingung stabil sein können.

So weit mir bekannt ist, sind bis heute noch keine Wirbelstraßen in zusammendrückbaren Medien ihrer Stabilität nach betrachtet worden. (Beim Schreiben dieses Berichtes erfuhr ich aus einem Brief von Dr. U. DOMM, daß er soeben eine Arbeit fertiggestellt hat, in der er Stabilitätstheorie der Wirbelstraßen bei kleinen Machzahlen auf asymmetrische Fälle ausgedehnt hat).

## 18. Zylinderwirbelstraßen (GARTEN-KAUFMANN)

Schließlich sind drittens Untersuchungen durchgeführt worden, welche nicht Wirbelfäden, sondern Wirbelzylinder zugrunde legen, die eher den wirklichen, reibenden Wirbeln entsprechen. Es handelt sich auch jetzt um unendliche Wirbelreihen ohne Hindernis, aber der Durchmesser des Wirbelzylinders wird als konstant oder als mit der Zeit veränderlich, jedenfalls aber ungleich Null angenommen.

So hat sich V. GARTEN in seiner Arbeit „Über die Bewegung von Wirbelfäden endlichen Querschnitts in einer zweidimensionalen idealen Flüssigkeit" (Mat. Annalen, 109, 1934) die Aufgabe gestellt, den Querschnitt der Wirbelröhren so zu bestimmen, daß die auf ein festes Achsenkreuz bezogene Flüssigkeitsbewegung permanent bleibt.

Ferner stammt von W. KAUFMANN eine Untersuchung zur Beantwortung der Frage, ob das theoretische Strömungsbild etwa dadurch wesentlich gestört wird, daß in einer natürlichen Flüssigkeit keine Potentialwirbel auftreten, sondern Wirbel von endlichem Querschnitt.

Bezüglich der Stabilität von Wirbelstraßen ist nach KAUFMANN folgendes zu beachten: Bei ebenen, reibungsfreien Strömungen in konzentrischen Kreisen können die Zentrifugalkräfte gemäß ihrer radialen Änderung stabilisierend oder destabilisierend wirken, je nachdem ob das Produkt $\bar{u}r$ ($\bar{u}$ = Mittelwert der tangentialen Geschwindigkeit) nach außen hin zu- oder abnimmt, während bei Potentialströmung mit Zirkulation indifferentes Gleichgewicht herrscht. In den von KAUFMANN betrachteten Wirbelkernen ist $\bar{u}r = \Gamma_r/2\pi$; infolgedessen nimmt dieses Produkt nach außen hin bis zum Kernrand zu; es stellt der Wirbelkern demnach ein stabiles Gebilde dar.

Der Verfasser meint mit Recht, die Tatsache allein, daß in einer physikalischen Wirbelstraße derartige Wirbelkerne an Stelle der Potentialwirbel auftreten, kann kein Grund für das häufig beobachtete Zerflattern der Wirbelstraße sein.

## 19. Reibende Wirbelstraßen und ihre Stabilität (HOOCKER-WILLE-DOMM)

Zum Schluß sei die ganz neue Arbeit von U. DOMM (Ein Beitrag zur Stabilitätstheorie der Wirbelstraßen unter Berücksichtigung endlicher und zeitlich wachsender Wirbeldurchmesser, Ing. Archiv, 22, 1954) besonders erwähnt, die nach den vorbereitenden Betrachtungen von S. G. HOOKER (On the Action of Viscosity in Increasing the Spacing Ratio of a Vortex Street, Proc. of Roy. Soc. 154, 1936) und von R. WILLE (Über Strömungserscheinungen im Übergangsgebiet von geordneter zu ungeordneter Bewegung, Jahrb. d. Schiffbautechn. Ges., 46, 1952) erschienen ist.

Sowohl HOOKERS Ergebnisse wie auch WILLES Messungen, die in einem großen Bereich der Re-Zahlen durchgeführt wurden, zeigen, daß ein echter zeitlicher Gang der Wirbelstraßenbreite vorliegt. Man stellt sich nun die Aufgabe, diesen beobachteten und gemessenen zeitlichen Gang des Teilungsverhältnisses $\varkappa = h/l$ aus den physikalischen Eigenschaften der realen Flüssigkeiten abzuleiten. In der realen Flüssigkeit ist nach WILLE die mit Rotation versehene Zone flächenhaft verteilt und wächst mit der Zeit an. Es handelt sich offensichtlich um jene Dissipation von Wirbelstärke unter dem Einfluß der Flüssigkeitsreibung, die durch die Geschwindigkeitsverteilung eines Rankine-Wirbels

(23) $$u = \frac{\Gamma_0}{2\pi r}\left(1 - e^{-\frac{r^2}{4\nu t}}\right)$$

($\nu$ = kinematische Zähigkeit) beschrieben wird.

DOMM legt der Stabilitätsuntersuchung der reibenden Wirbelstraße das Geschwindigkeitsprofil (23) zugrunde, das für kleine Zeiten, d. h. für kleine Verhältnisse von Kernradius zu Straßenteilung, eine Superposition des idealen und realen Falls darstellt, und berechnet die Strömungsgeschwindigkeit in den Wirbelstraßen durch Summierung der induzierten Geschwindigkeiten der Einzelwirbel. Das linearisierte Bewegungsgleichungssystem lautet in diesem Falle:

(24) $$\begin{aligned} \frac{dx_0}{dt} = &-\frac{\Gamma}{2\pi l^2}\sum_m{}' \frac{1 - e^{-\frac{m^2 l^2}{4\nu t}}}{m^2}(y_0 - y_m) \\ &+ \frac{\Gamma}{2\pi l^2}\sum_n \left[\frac{n^2 - \varkappa^2}{(n^2+\varkappa^2)^2}\left(1 - e^{-\frac{l^2(n^2+\varkappa^2)}{4\nu t}}\right) + \frac{\varkappa^2 e^{-\frac{l^2(n^2+\varkappa^2)}{4\nu t}}}{2\nu t(n^2+\varkappa^2)}\right](y_0 - y_n') \\ &+ \frac{\Gamma}{2\pi l^2}\sum_n \left[\frac{2n\varkappa}{(n^2+\varkappa^2)^2}\left(1 - e^{-\frac{l^2(n^2+\varkappa^2)}{4\nu t}}\right) - \frac{n\varkappa e^{-\frac{l^2(n^2+\varkappa^2)}{4\nu t}}}{2\nu t(n^2+\varkappa^2)}\right](x_0 - x_n'). \end{aligned}$$

Es läßt sich leicht ersehen, daß man bei Ausfall der Ausdrücke mit e-Exponenz das Differentialgleichungssystem für den klassischen Fall erhält (vgl. z. B. meine Arbeit in ZAMM, 1937, bei Störungen 1. Ordnung; Gl. 3).

Wie ich schon erwähnt habe (§ 1), nimmt DOMM jedoch insofern eine unzulässige Idealisierung vor, als nur ein einziger Wirbel als gestört zugelassen wird — eine Vereinfachung, die mit dem Mechanismus des betrachteten hydrodynamischen Problems wenig gemeinsam hat.

Nach der geschilderten Methode erhält DOMM dabei die erwartete Gebietsstabilität, und zwar nicht nur bei schachbrettartiger, sondern auch bei symmetrischer Wirbelanordnung.

Wie mir bekannt wurde, beabsichtigt DOMM eine Erweiterung seiner Untersuchungen in dem Sinne, daß alle Wirbel als gestört angenommen werden.

## 20. Zusammenfassung

Es war das Ziel dieses Vortrages zu zeigen, daß das Stabilitätsproblem der Wirbelstraßen einen Prüfstein sowohl für die Theorie als auch für das Experiment darstellt. An der ersten von v. KÁRMÁN gegebenen Lösung ist bis heute fast nichts geändert worden; jedoch haben die nachfolgenden theoretischen Untersuchungen gezeigt, daß unser Problem nicht aufgehört hat, als typisches Beispiel der Stabilitätstheorie von besonderem Interesse zu sein.

Als v. KÁRMÁN seinerzeit seine Auffassung des Problems TOEPLITZ mitteilte, wurde es von TOEPLITZ aus guten Gründen als ein sehr schwieriges bezeichnet, dessen sachgemäße Behandlung mit Hilfe der quadratischen L-Formen von HILBERT erfolgen müßte.

Mit Ausnahme einiger Versuche, z. B. der von M. GODEFROY (Recherches sur les systèms des tourbillons ponctuels soumis à des liaisons et sur la notation de configuration Hydrodynamique stable, Comentarii mathematici Helvetici, 1939) und von E. A. CODDINGTON (The Stability of Infinite Differential Systems Associated with Vortex Streets, Journal of Mathematics and Physics, 1952), hat das Stabilitätsproblem einer Wirbelstraße immer noch keine vollständige und strenge Behandlung erfahren.

Was die beiden oben erwähnten Arbeiten von GODEFROY und von CODDINGTON betrifft, möchte ich an dieser Stelle nur erwähnen, daß der erste Autor die verallgemeinerte Stabilitätsbedingung (14) inzwischen ebenfalls erhalten hat, ohne jedoch weiter darauf einzugehen, und der zweite Autor, der diesen Fall als asymmetrische Anordnung $q = d/l \neq {}^1/_2$ bezeichnet, ihn unrichtig als Instabilität gedeutet hat.

Da die Forschung bis zur exakten Lösung des Stabilitätsproblems einer Wirbelstraße nicht warten konnte, wurden die üblich approximativen Methoden herangezogen, die zum Hauptziel die Reduktion des unendlichen Systems von Differentialgleichung auf ein endliches hatten. Besonders nützlich erwiesen sich hierbei die Gruppenstörungen, die aber den unangenehmen Effekt der schrägen Translation der Wirbelstraßen mit sich bringen, gleichzeitig jedoch zeigen, daß es nicht nur die KÁRMÁNschen schachbrettartigen, sondern noch unendlich viele stabile Übergangszustände von Wirbelstraßen (die zweiparametrigen Wirbelstraßen) gibt derart, daß sogar die symmetrische Lage, welche instabil ist, eigentlich immer sofort in einen stabilen asymmetrischen Zustand übergeht, der schließlich in den schachbrettartigen Zustand mündet.

Beispielen solcher im Anfang noch unvollkommenen Verfahren zur Behandlung eines Problems begegnen wir in unserer hydrodynamischen Wissenschaft oft. Sie zeigen, daß bei jeder nachfolgenden Untersuchung des Problems stets noch ergänzende Faktoren in Betracht gezogen werden müssen.

In diesem Zusammenhang möchte ich zum Schluß noch die Arbeiten von G. BIRKHOFF: „A new theorie of vortex streets“ (Proc. Nat. Acad. Sci., 38, 1951) und „Formation of vortex streets“ (Journ. of Appl. Physics, 24, 1953) anführen.

Es wäre unrichtig zu behaupten, daß bisher in irgendeiner Untersuchung ein Stabilitätskriterium von allgemeinem Charakter gefunden worden wäre.

Die weitere analytische Behandlung des Problems, das wir darzulegen versuchten, wäre wertvoll, und die gewonnenen Ergebnisse würden die verwandte Mühe rechtfertigen.

*Die im Vortrag erwähnten Autoren*

ACHIJESER, N.
BÉNARD, H.
BIRKHOFF, G.
CODDINGTON, E. A.
DOLAPTSCHIEW, B.
DOMM, U.
DURAND, G.
GARTEN, V.
GLAUERT, H.
GLICKI, L. W.
GODEFROY, M.
GOLUBEW, W. W.
HAMEL, G.
HEISENBERG, W.
HOOCKER, S. G.
JUKOWSKY, N. E.
KÁRMÁN, TH. V.
KAUFMANN, W.
KOTSCHIN, N. E.
KOSMODEMJANSKI, A.
KRZYWOBLOCKI, M. Z. V.
MALLOCK, A.
MAUE, A. W.
PRANDTL, L.
ROSENHEAD, L.
SCHMIEDEN, C.
SOMMERFELD, A.
SYNGE, H.
VILLAT, H.
WILLE, R.

MATHEMATISCHES INSTITUT
DER UNIVERSITÄT – SOFIA
Bulgarien

Bei Fragen zur Produktsicherheit wenden Sie sich bitte an:
If you have any questions regarding product safety,
please contact:

Walter de Gruyter GmbH
Genthiner Straße 13
10785 Berlin
productsafety@degruyterbrill.com

# SCHRIFTENREIHE
# DES FORSCHUNGSINSTITUTS FÜR MATHEMATIK

## BEI DER DEUTSCHEN AKADEMIE DER WISSENSCHAFTEN
## ZU BERLIN

Herausgeber: Josef Naas, Erhard Schmidt, Kurt Schröder

*In dieser Schriftenreihe befinden sich in Vorbereitung bzw. sind erschienen:*

Heft 1: Der Begriff des Raumes in der Geometrie — Bericht von der Riemann-Tagung des Forschungsinstituts für Mathematik *mit Beiträgen von 28 Autoren. Herausgegeben von J. Naas und K. Schröder.*

Heft 2: Lösung des allgemeinen Randwertproblems für eindimensionale gedämpfte Wellen bei harmonischem Zeitgesetz. Von *Karl Borkmann* und *Siegfried Oberländer.*

Heft 3: Die eindeutige Bestimmung allgemeiner konvexer Flächen. Von *A. W. Pogorelow.*

Heft 4: Bemerkungen über die Stabilitätsuntersuchungen der Wirbelstraßen. Von *Bl. Dolaptschiew.*

Heft 5: Die Verbiegung konvexer Flächen. Von *A. W. Pogorelow.*

*Bemerkungen über die Stabilitätsuntersuchungen der Wirbelstraßen*